EINSTEIN, ARTHUR EDDINGTON,

DAN

ASTRONOMI

GATOT SOEDARTO

ISBN-13: 978-1500734220

ISBN-10: 1500734225

Diterbitkan di Amerika Serikat oleh CreateSpace
Independent Books Publisher

Update : 7 Februari 2015

DEDIKASI

Saya dedikasikan buku ini untuk Ananda Dyah Ayu
Fransiska Pintasari, SH

ISI BUKU

KATA PENGANTAR

Teori Relativitas Einstein ada dua macam. Teori yang pertama Relativitas Khusus yang diumumkan pada tahun 1905 dengan persamaan terkenal E = mc2, merupakan persamaan yang menyatakan kesetaraan antara energi dengan massa.

Teori yang ke dua Relativitas Umum, yang diumumkan pada tahun 1916. Einstein mengemukakan hukum baru tentang gravitasi, bahwa gravitasi bukanlah suatu gaya sebagaimana dikenal dalam teori gravitasinya Newton, melainkan merupakan bagian dari kelembaman. Dalam teori relativitas umum Einstein menyimpulkan bahwa cahaya seperti juga benda materi lainnya, bergerak melengkung bila melalui medan gravitasi dari suatu benda masif. Einstein menyarankan hipotesanya itu dapat diuji untuk mengamati lintas cahaya bintang dalam medan gravitasi matahari. Oleh karena bintang tak terlihat pada siang hari, maka hanya ada satu kesempatan ketika matahari dan bintang dapat bersama-sama terlihat di langit, dan itulah saat terjadi gerhana matahari.

Cara pembuktian yang diusulkan Einstein dilaksanakan oleh tim ilmuwan negara Inggris, dipimpin oleh Arthur Stanley Eddington, pada tahun 1919. Buku ini meninjau kembali cara pembuktian teori sesuai yang diminta oleh pencetus teori, Albert Einstein, dan kemudian dilaksanakan oleh Tim ilmuwan Inggris dipimpin oleh Arthur Stanley Eddington. Ditemukan cara pembuktian teori tidak bisa dibenarkan ditinjau dari keilmiahan Ilmu Astronomi. Sulit dipahami mengapa cara pembuktian itu dilaksanakan juga, dan bahkan hasilnya menjadikan teori relativitas umum dipandang sebagai teori yang kuat, dan sering disebut sebagai salah satu pilar dari dua pilar utama Fisika Modern.

Dengan terbitnya buku ini penulis mengucapkan terima kasih kepada penerbit dan staf, semoga buku ini semakin memperkaya ide dan gagasan dalam sains modern, khususnya terkait dengan teori relativitasnya Einstein yang kontroversial dan banyak menarik minat para ilmuwan untuk mempelajarinya.

Selamat membaca, semoga bermanfaat.

Sidoarjo, 7 Februari 2015

Penulis

Gatot Soedarto

BAB 1

TEORI RELATIVITAS EINSTEIN

Teori Relativitas Einstein ada dua macam. Teori yang pertama Relativitas Khusus yang diumumkan pada tahun 1905 dengan persamaan terkenal E = mc2, merupakan persamaan yang menyatakan kesetaraan antara energi dengan massa.

Teori yang kedua Relativitas Umum. Teori ini lahir didorong oleh kenyataan yang baru disadari kemudian oleh Einstein, bahwa teori relativitas khusus ternyata tidak konsisten dengan teori gravitasnya Newton, yang mengatakan bahwa benda-benda angkasa saling bertarikan dengan gaya yang besarnya ditentukan oleh jarak antara benda-benda itu.

Hipotesanya dalam teori relativitas khusus, bahwa kecepatan cahaya merupakan kecepatan yang tertinggi di alam semesta bertentangan dengan gravitasnya Newton. Kecepatan gaya tarik menarik antara benda-benda di angkasa, misalnya gaya tarik bulan yang menimbulkan perubahan dalam sekejab berupa gerakan pasang air laut di bumi, bermakna bahwa efek gravitasi merambat dengan kecepatan tak terhingga, bukannya dengan kecepatan cahaya atau lebih rendah.

Einstein berkali-kali mencoba mencari solusi terhadap tidak konsistennya teori relativitas khusus dihadapkan dengan teori gravitasnya Newton. Setelah lebih dari 6 tahun mencoba, akhirnya ia menemukan solusi yang luar biasa yaitu Teori Relativitas Umum yang diumumkan pada tahun 1916, yang menyatakan bahwa hukum alam untuk semua sistem berlaku sama tanpa dipengaruhi oleh geraknya.

Dalam teori relativitas umum Einstein mengemukakan hukum baru tentang gravitasi, bahwa gravitasi bukanlah suatu gaya sebagaimana dikenal dalam teori gravitasinya Newton, melainkan merupakan bagian dari kelembaman.

Hukum gravitasinya menggambarkan kelakuan benda dalam medan gravitasi, contohnya planet-planet, bukan dalam pengertian ' gaya tarik ' tetapi hanya dalam pengertian lintas yang dilaluinya. Bagi Einstein, gravitasi adalah bagian dari kelembaman. Gerakan bintang dan planet berasal dari turunan kelembamannya, dan lintas yang dilaluinya ditentukan oleh sifat metris ruang, atau lebih tepatnya sifat metris kesinambungan ruang - waktu.

Teori Relativitas dan Aether

Teori relativitas umum yang diumumkan pada

tahun 1916 pada dasarmya mengandung paradoksial dengan teori sebelumnya, relativitas khusus, yaitu terkait dengan konsep Aether (Luminiferus Aether). Teori Relativitas Khusus yang diumumkan pada tahun 1905 mengabaikan dan menentang adanya Aether, namun dalam Relativitas Umum Einstein menerima ide adanya Aether.

Aether adalah suatu media yang sebelumnya dipercayai adanya sebagai media perantara bagi gelombang elektromagnet. Namun dua fisikawan Amerika A.A. Michelson dan E.W.Morley yang melakukan percobaan di Cleveland pada tahun 1881, dan beberapa tahun kemudian percobaan itu diulangi lagi, ternyata tidak berhasil membuktikan adanya Aether.

Mengacu kepada hasil percobaan Michelson-Morley, Aether bisa dikatakan tidak ada, atau mungkin tidak bisa dibuktikan keberadaannya. Dan sebenarnya hasil percobaan Michelson - Morley itu yang mendorong Einstein menemukan ide kreatifnya dalam teori relativitas khusus. Dalam teori ini Einstein membentangkan suatu pengertian fisika baru yang menolak teori Aether beserta ide ruang secara keseluruhan sebagai sistem atau kerangka tetap, mutlak diam sehingga memungkinkan membedakan gerak mutlak dari gerak relatif.

Sebagaimana ditulis di atas, teori relativitas khusus mengabaikan aether, namun dalam teori relativitas umum Einstein menerima ide adanya aether.

Hal ini terungkap dalam pernyataannya pada tahun 1920 :

" we may say that according to the general theory of relativity space is endowed with physical qualities; in this sense, therefore, there exists an ether. According to the general theory of relativity space without ether is unthinkable,..."
(*Albert Einstein, an address delivered on May 5th, 1920, in the University of Leyden*).

Teori Relativitas Umum dibangun berdasarkan ide tentang Hukum Kosmis tentang *Kesinambungan Ruang - Waktu.* Oleh karenanya teori relativitas umum berhubungan dengan Ruang, Waktu, dan struktur alam semesta secara keseluruhan.

Hipothesis tentang cahaya dipengaruhi gravitasi

Dalam teori relativitas umum Einstein menyimpulkan bahwa cahaya seperti juga benda materi lainnya, bergerak melengkung bila melalui medan gravitasi dari suatu benda masif.

Einstein menyarankan hipotesanya itu dapat diuji untuk mengamati lintas cahaya bintang dalam medan gravitasi matahari. Oleh karena bintang tak terlihat pada siang hari, maka hanya ada satu kesempatan ketika matahari dan bintang dapat bersama-sama terlihat di langit, dan itulah saat terjadi gerhana matahari.

Ia mengusulkan, foto yang diambil terhadap bintang pada saat matahari gelap selama gerhana dibandingkan dengan foto bintang yang sama diambil pada saat yang lain / pada waktu malam hari.

Menurut hipotesanya, cahaya bintang yang terlihat di sekitar matahari akan dibelokkan ke dalam, menuju matahari saat melewati medan gravitasi matahari, sehingga gambar dari bintang itu akan tampak bagi pengamat di bumi bergeser keluar dari posisi sebenarnya di langit. Einstein menghitung tingkat penyimpangannya dan meramalkan bahwa untuk bintang yang terlihat terdekat dengan matahari, penyimpangannya kira-kira **1,75** detik busur.

Cara pembuktian teori sesuai yang diusulkan oleh Einstein itu tercatat dalam buku ' The Universe and Dr.Einstein ' karangan Lincoln Barnett, yang pertama kali diterbitkan di London, pada bulan Juni 1949. Kata Pengantar buku tersebut ditulis oleh Albert Einstein sendiri.

" From these purely theoretical considerations Einstein concluded that light, like any material object, travels in a curve when passing through the gravitational field of a massive body. He suggested that his theory could be put to test by observing the path of starlight in the gravitational field of the sun. Since the stars are invisible by day, there is only one occasion when sun and stars can be seen together in the sky, and that is during an eclipse.

Eintein proposed, therefore, that photographs be taken of the stars immediately bordering the darkened face of the sun during an eclipse and compared with photographs of those same stars made at another time. According to his theory, the light from the stars surrounding the sun should be bent inward, toward the sun, in traversing the sun's gravitational field; hence the images of these stars should appear to observer on earth to be shifted outward from their usual positions in the sky.

Einstein calculated the degree of deflection that should be observed and predicted that for the stars closest to the sun the deviation would be about 1.75 seconds of an arc.

Since he staked his whole General theory of Relativity on this test, men of science throughout the world anxiously awaited the findings of expeditions which journeyed to equatorial regions to photograph the eclipse of May 29, 1919.

When their pictures were developed and examined, the deflection of the starlight in the gravitational field of the sun was found to average 1.64 seconds – a figure as close to perfect agreement with Einstein's prediction as the accuracy of instruments allowed. " (Lincoln Barnett, The Universe and Dr.Einstein,

London, Victor Gollanez LTD, First Published June 1949, Preface by Albert Einstein, page 78-79).[1]

BAB 2

EKSPERIMEN IMAJINER EINSTEIN

Pemikiran kreatif Einstein dalam teori relativitas khusus maupun teori relativitas umum adalah teoritis murni, dan ia memperagakan ide kreatifnya itu dengan menggunakan semacam eksperimen atau suatu pentas imajiner. Rinciannya tidak diragukan lagi oleh banyak ilmuwan. Beberapa pentas imajiner yang disampaikan oleh Einstein, antara lain [2]:

1. Einstein membayangkan suatu bangunan tinggi, kemudian sebuah elevator dilepaskan dari kendalinya dan jatuh bebas. Di dalam elevator itu sekelompok ahli fisika yang sedang melakukan percobaan. Mereka mengambil benda dari kantongnya, fulpen, koin, kunci, dan melepaskannya. Semua benda itu tampak bagi mereka yang berada di dalam elevator tetap mengambang di udara, karena semuanya jatuh bersama elevator beserta ahli fisika itu, dengan rata-rata kecepatan yang sama menurut hukum Newton.

Akan tetapi para ahli fisika itu tak sadar akan keadaannya, mereka mungkin menerangkan kejadian aneh ini dengan pendapat yang berbeda. Pada kenyataannya merekapun mengambang di ruang hampa. Bila salah seorang melompat, dia akan mengambang dengan halus menuju atap dengan kecepatan sebanding daya lompatnya. Bila ia mendorong pen atau kunci ke suatu arah, benda itu akan terus bergerak beraturan dalam arah itu hingga berhenti bila membentur dinding.

Segala sesuatu jelas mengikuti Hukum Kelembaman Newton, dan tetap dalam keadaan diam atau bergerak beraturan dalam garis lurus. Elevator, bagaimanapun menjadi sistem lembam dan tak ada cara bagi orang di dalamnya untuk menceritakan apakah mereka jatuh dalam medan gravitasi atau hanya mengambang dalam ruang kosong, bebas dari semua gaya luar.

2. Selanjutnya Einstein merombak pentas imajinernya. Para ahli fisika itu masih di dalam elevator, tapi kali ini mereka benar-benar berada di ruang angkasa, bebas dari gaya tarik benda langit. Sebuah kabel diikatkan pada atap elevator, dan gaya supernatural mulai bekerja pada kabel dan elevator bergerak naik dengan percepatan tetap, yaitu bergerak makin cepat.

Lagi-lagi orang di dalam elevator tak dapat menceritakan di mana mereka berada, karena saat itu mereka memperhatikan bahwa kaki mereka menekan rapat ke lantai. Jika mereka melepaskan benda, maka benda itu akan jatuh ke bawah. Bila mereka menepis benda dengan arah mendatar, maka benda itu akan bergerak lurus beraturan, tapi membuat lintasan parabol terhadap lantai.

Dan para ahli fisika di dalam elevator tak dapat menceritakan, bahwa sesungguhnya elevator mereka sedang mendaki ruang antariksa. Mereka menyimpulkan dengan wajar berada dalam lingkungan biasa di dalam suatu ruang di bumi yang dipengaruhi gravitasi. Sulit bagi mereka yang berada dalam elevator tertutup, untuk menceritakan apakah mereka diam dalam medan gravitasi atau bergerak dengan percepatan tetap melalui ruang angkasa dimana tak ada gaya tarik sama sekali.

3. Dilema yang sama membingungkannya bila elevator itu dihubungkan dengan komedi putar yang sedang berputar di ruang angkasa. Mereka akan merasakan gaya yang aneh, mencoba meninggalkan pusat dari komedi putar. Pengamat luar yang berpengalaman akan cepat mengetahui gaya ini adalah *kelembaman*, atau *gaya sentrifugal* yang terjadi pada benda yang berputar. Namun orang di dalam elevator sekali lagi mungkin akan menghubungkan gaya itu dengan gravitasi.

Dari peragaan pentas imajiner tersebut di atas, Einstein memberikan kesimpulan teoritis yang penting, dikenal sebagai prinsip *Ekivalen Gravitasi dan Kelembaman*. Kebenaran prinsip ini menjadi jelas bagi setiap penerbang, karena di dalam pesawat terbang memungkinkan memisahkan efek-efek enertia dari efek gravitasi.

Demikian juga dialami oleh para penyelam, perasaan fisis karena gaya tekan ke atas dari suatu penyelaman, tepat sama seperti gaya yang diakibatkan oleh suatu belokan tajam dengan kecepatan tinggi. Pada ke dua kasus itu faktor yang dikenal sebagai beban G muncul, darah tersedot dari kepala dan tubuh ditarik kuat dari tempat duduk. Prinsip Ekivalen Gravitasi dan Kelembaman tersebut yang merupakan dasar dari teori relativitas umum.

Lalu bagaimana Einstein sampai pada suatu kesimpulan pada hipotesa dalam teori relativitas umum, bahwa cahaya dipengaruhi oleh gravitasi, atau suatu berkas cahaya akan dibelokkan bila melalui medan gravitasi benda masif ?

4. Hipotesa Einstein tersebut bermula dari pentas imajiner lain. Seperti sebelumnya, pentasnya adalah sebuah elevator yang bergerak naik dengan percepatan tetap melalui ruang hampa, jauh dari medan gravitasi manapun. Kali ini, penembak kelana antariksa menembakkan sebuah peluru pada elevator itu. Peluru itu menghujam pada sisi elevator, menembus dan muncul dari dinding elevator di hadapannya pada suatu titik sedikit di bawah titik tembus pertamanya. Dan alasannya jelas bagi pengamat dari luar bahwa peluru itu melesat dalam garis lurus menurut hukum kelembaman Newton.

Namun ketika peluru menempuh jarak antara dua dinding di dalam elevator, elevator sudah menempuh jarak tertentu ke atas, menyebabkan lubang peluru pada dinding ke dua menjadi sedikit lebih dekat ke lantai. Dan bagi pengamat yang berada di dalam elevator, mereka akan menyimpulkan bahwa mereka berada dalam suatu medan gravitasi, dan peluru yang melalui elevator tampak lengkung murni terhadap lantai.

Sesaat kemudian ketika elevator terus naik ke atas, seberkas cahaya tiba-tiba dipancarkan melalui celah pada sisinya. Karena kecepatan cahaya amat besar, berkas cahaya melewati jarak antara titik masuk dan dinding yang berhadapan dalam persekian detik. Walaupun elevator bergerak naik ke atas dalam interval dengan jarak tertentu, berkas cahaya yang menumbuk dinding di hadapannya seper-inci di bawah titik yang dimasukinya. Bila pengamat di dalam elevator diperlengkapi dengan alat pengukuran yang diharapkan, mereka akan dapat menghitung lengkung berkas sinar. Jika menggunakan hukum Newton mereka akan bingung, karena menurut Newton cahaya melintas dalam garis lurus. Namun jika menggunakan relativitas khusus mereka akan mengerti bahwa energi memiliki massa menurut persamaan E = mc2. Jadi, cahaya adalah bentuk energi dan akan dipengaruhi oleh medan gravitasi. Karena itulah berkas cahaya tersebut melengkung.

Dari hipotesa teoritis murni tersebut Einstein

menyimpulkan bahwa cahaya seperti juga benda materi, bergerak melengkung bila melalui medan gravitasi dari suatu benda masif.

Dari empat macam pentas imajiner yang diperagakan Einstein di atas, memberi kesan apa yang dikemukakan itu sebagai suatu kebenaran. Namun apakah hal itu benar sesuai kenyataan. misalnya pentas ke-empat bahwa peluru dan berkas cahaya akan tampak melengkung bagi pengamat di dalam elevator? Jawabannya, mungkin tidak benar, karena tergantung kepada kesimpulan yang diinginkan oleh pencipta pentas imajiner.

Ada satu alasan penting untuk mengatakan bahwa peluru maupun berkas cahaya yang melewati ruang di dalam elevator dalam pentas imajiner di atas tidak ' melengkung '. Jelas sekali pentas imajiner yang diperagakan di atas itu adalah suatu peragaan tentang paradoks.

Suatu pernyataan disebut mengandung paradoks ketika pernyataan itu dipandang benar tetapi cenderung salah, dan ketika pernyataan itu dianggap salah tetapi cenderung benar. Dalam hal paradoks yang terkandung di dalam pentas imajinernya Einstein di atas itu, adalah berkaitan dengan pandangan pengamat yang berada di dalam elevator yang bertentangan dengan pandangan pengamat di luar elevator.

Dan pencipta pentas imajiner menggiring orang lain menuju ke arah kesimpulan yang ia inginkan. Karena kita juga bisa menjelaskan berlakunya Hukum Newton dengan menggunakan pentas imajiner tesebut, jika kita asumsikan bahwa para ahli fisika yang berada di dalam elevator itu tidak semata-mata berpikir berkaitan dengan gravitasi.

Pengamat di luar elevator melihat dengan jelas - karena tahu elevator itu sedang bergerak naik dengan percepatan tetap - bahwa peluru yang ditembakkan bergerak lurus, dan peluru itu mengenai dinding satunya pada suatu titik yang lebih dekat ke lantai. Sebaliknya pengamat yang berada di dalam elevator, yang tidak menyadari bahwa elevator sedang bergerak naik dengan percepatan tetap, dan tidak mengetahui peluru ditembakkan dari mana - bisa juga mengabaikan adanya gravitasi - tapi melihat ada peluru menembus dinding satu ke dinding lainnya. Peluru tersebut bergerak lurus juga, namun membentuk sudut yang kecil dengan bidang atas elevator, sehingga mengenai dinding elevator sedikit di bawah titik perkenaan dinding sebelumnya.

Demikian juga ketika berkas cahaya ditembakkan, ketika melihat perkenaan cahaya ada sedikit perbedaan atau membentuk sudut yang sangat kecil dengan bidang atas elevator, pengamat di dalam elevator tidak perlu berpikir bahwa terjadinya sudut yang kecil itu adalah karena pengaruh gravitasi, namun adalah hal yang biasa bahwa cahaya bergerak dalam lintasan yang lurus, dan dalam contoh pentas imajiner di atas cahaya melintas dari atas menuju ke arah agak ke bawah.

Dengan demikian pentas imajiner tersebut bisa juga digunakan untuk menjelaskan berlakunya Hukum Newton, asalkan orang mau melupakan bahwa yang menciptakan pentas imajiner itu adalah Einstein, dan digunakan oleh Einstein untuk mendukung dan menjelaskan hipotesa-hipotesanya.

Lebih jauh lagi, beberapa pentas imajiner berupa ' elevator ' ciptaan Einstein merupakan gambaran dari ' alam semesta '-nya Einstein yang terbatas, yaitu alam semesta versi hukum kosmiknya : Kesinambungan Ruang - Waktu.

Dengan hukum kosmisnya itu Einstein menolak gagasan adanya Ruang Mutlak - dalam istilah filosofi disebut Ruang Murni - ruang tak terbatas yang tak terjangkau oleh akal manusia, tidak ada arah Utara - Timur - Selatan - Barat dan tidak ada Atas maupun Bawah, sehingga tidak ada yang bisa dinamakan Waktu karena tidak adanya referensi / acuan yang bisa digunakan. Hal itu sesuai dengan pandangan Newton: " There exists absolute space, but we measure space only relative to other objects in space. "

Pandangan Einstein tentang alam semesta berbeda dengan pandangan Newton. Alam semesta versi hukum kosmiknya Einstein adalah alam semesta yang terbatas. Selain bertentangan dengan pandangan Newton yang percaya bahwa alam semesta itu tidak terbatas dan oleh karenanya ada ruang mutlak, pandangan Einstein itu juga bertentangan dengan pandangan secara filosofis. Oleh karenanya Teori Relativitas Einstein dalam pandangan secara filosofis dianggap sebagai teori yang banyak menimbulkan salah pengertian.

BAB 3

MENINJAU PEMBUKTIAN TEORI RELATIVITAS UMUM

Di bawah ini adalah gambar yang biasa digunakan untuk menjelaskan pembuktian Teori Relativitas Umum oleh ilmuwan Inggris, Sir Arthur Eddington dan Dyson, pada tahun 1919 pada saat terjadi gerhana matahari.

Dalam gambar di bawah ini, gambar posisi bintang yang terletak di atas, menunjukkan Posisi Sebenarnya bintang atau dalam istilah Astronomi disebut **Posisi Sejati** sebuah bintang (Actual/True/Real Position). Sedangkan gambar bintang yang terletak di bagian bawah menunjukkan Posisi Tidak Sebenarnya bintang, atau posisi bintang pada saat pengamatan baik dilihat dengan mata telanjang maupun dilihat dengan menggunakan alat, dalam istilah astronomi disebut **Posisi Semu** sebuah bintang (Apparent/Observed Position).

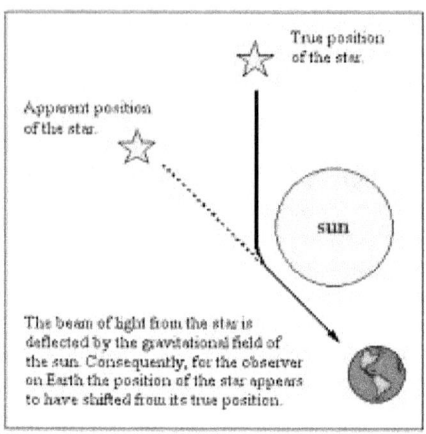

Berdasarkan hipothesis Einstein, cahaya bintang membelok
ketika melintasi medan gravitasi matahari

Sebagaimana diketahui, Einstein menyimpulkan
bahwa cahaya seperti juga benda materi, bergerak
melengkung bila melalui medan gravitasi dari suatu
benda masif. Hipotesanya ini sebenarnya
bertentangan dengan pandangannya bahwa gravitasi
adalah bukan soal gaya. Namun Einstein malah
menyarankan hipotesanya itu dapat diuji untuk
mengamati lintas cahaya bintang dalam medan
gravitasi matahari. Oleh karena bintang tak terlihat
pada siang hari, maka hanya ada satu kesempatan
ketika matahari dan bintang dapat bersama-sama
terlihat di langit, dan itulah saat terjadi gerhana
matahari.

Ia mengusulkan, foto yang diambil terhadap
bintang pada saat matahari gelap selama gerhana
dibandingkan dengan foto bintang yang sama diambil

pada saat yang lain / pada waktu malam hari.

Menurut hipotesanya, cahaya bintang yang terlihat di sekitar matahari akan dibelokkan ke dalam, menuju matahari saat melewati medan gravitasi matahari, sehingga gambar dari bintang itu akan tampak bagi pengamat di bumi bergeser keluar dari posisi sebenarnya di langit.

Einstein menghitung tingkat penyimpangannya dan meramalkan bahwa untuk bintang yang terlihat terdekat dengan matahari, penyimpangannya kira-kira 1,75 detik busur.

Karena Einstein mempertaruhkan seluruh kerangka teori relativitas umum, para cendekiawan di seluruh dunia menanti hasilnya ketika sebuah tim ilmuwan Inggris yang dipimpin Sir Arthur Eddington melaksanakan percobaan di daerah khatulistiwa di sebelah Barat Afrika, mencoba membidik gerhana matahari yang terjadi pada tanggal 29 Mei 1919.

Ketika gambar potret dikembangkan dan diperiksa, pembelokan cahaya bintang di medan gravitasi ditemukan kira-kira 1,64 detik busur, yakni angka yang sangat dekat dengan ramalan Einstein (Lincoln Barnett, Universe and Dr.Einstein).

Berdasarkan data dari RAS (Royal Astronomical Society) pembidikan bintang dilakukan di kota Roca Sundy, pulau Principe, pada tanggal 29 Mei 1919 dan hasil perhitungan adalah 1,61 + kurang lebih 0,30, dibulatkan menjadi : 1,62 detik busur.

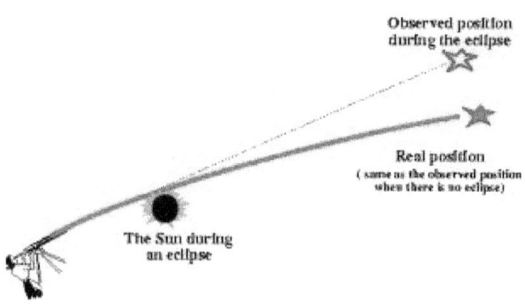

Gambar di atas merupakan ilustrasi untuk menjelaskan pembelokan cahaya dalam medan gravitasi matahari sesuai hasil analisa foto pembuktian Sir Arthur Eddington pada tahun 1919.

Foto bintang yang diambil pada saat gerhana - saat siang hari - dibandingkan dengan foto bintang yang sama pada malam hari di saat yang lain. Berdasarkan data dari Royal Astronomical Society, Eddington membidik kelompok bintang Hyade dari Oxford Inggris waktu malam hari pada bulan Januari dan Februari 1919, setelah itu bersama timnya Eddington berangkat menuju pulau Principe di sebelah Barat Afrika, dan membidik Hyade pada saat gerhana matahari tanggal 29 Mei 1919 di kota Roca Sundy.

Pada bulan Mei 1919 itu cuaca di atas Principe kurang menguntungkan karena berawan, demikian juga menjelang saat gerhana. Namun Eddington berhasil memotret gerhana yang berlangsung sekitar 6 menit 30 detik. Ilustrasi gambar di atas memperlihatkan " pembelokan cahaya " yang terjadi,

Bagi para ahli fisika pembuktian yang dilakukan oleh Eddington itu sangat meyakinkan, dan hal itu digunakan sebagai pembenaran terhadap hipotesa Einstein, lebih-lebih lagi karena di belakang hari dipercayai ada bukti tambahan yang makin menguatkan pembuktian di tahun 1919 itu. Namun yang jelas, dua efek utama teori relativitas umum, yaitu warped space time atau lekukan ruang waktu - dikenal sebagai efek geodetik - dan efek frame dragging belum terbukti secara langsung melalui eksperimen.

NASA berusaha membuktikan dua efek utama teori relativitas umum tersebut dengan meluncurkan satelit GP B pada bulan Mei 2004, namun sampai sekarang belum diperoleh hasil yang meyakinkan.

Benarkah metoda ilmiah yang digunakan oleh Eddington dan Dyson dengan cara membandingkan dua atau beberapa foto yang diambil pada waktu dan saat yang berlainan, yaitu foto-foto bintang saat terjadi gerhana di siang hari dengan foto-foto bintang yang sama di malam hari dalam waktu yang berbeda ?

Bagaimana pandangan dari sisi keilmiahan ilmu astronomi yang dalam prakteknya perhitungan posisi bintang tersebut selalu dilaksanakan oleh para perwira di kapal laut. Mereka setiap saat yang diperlukan selalu membidik bintang di langit dalam rangka menentukan posisi kapalnya secara akurat ketika sedang berada di laut lepas.

Salah satu negatif foto yang diambil oleh Eddington dan Dyson pada tahun 1919 terlihat seperti gambar di bawah ini, di sekitar matahari saat gerhana nampak beberapa bintang yang terlihat seperti garis putus-putus.

Sedangkan gambar di bawah ini mengilustrasikan terjadinya ' pembelokan cahaya karena medan gravitasi ', berupa sudut yang terbentuk antara lintasan cahaya dari posisi sejati dan posisi semu bintang. Semakin jauh dari matahari terlihat semakin kecil sudut penyimpangan / pembelokan cahayanya.

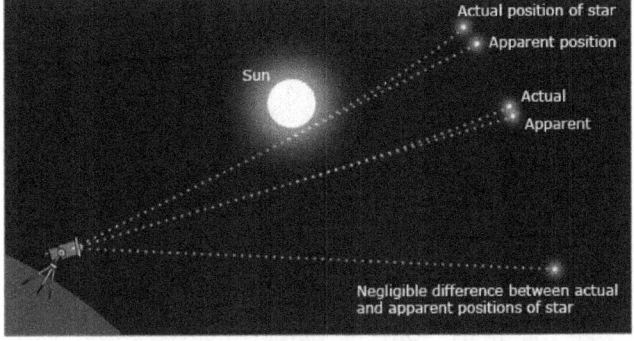

If Einstein's theory of relativity was correct, then the light from stars that passed closest to the sun would show the greatest degree of "bending." (undsci.berkeley.edu)

Ilustrasi gambar di atas dimaksudkan untuk memberi penjelasan tentang pembelokan cahaya melewati medan gravitasi matahari sesuai hipotesis Einstein. Namun gambar di atas bisa menimbulkan kesan yang salah bila dilihat dari kaca mata ilmu astronomi, yaitu :

1.Berdasarkan hipotesis Einstein, adanya posisi semu dan posisi sejati bintang disebabkan karena medan gravitasi matahari. Berdasarkan keilmiahan ilmu astronomi : Semua benda-benda angkasa di langit, matahari, bulan, bintang dan planet, yang kita lihat sehari-hari di langit, baik kita lihat dengan mata telanjang maupun kita lihat dengan menggunakan alat, adalah penampakan dari posisi semu-nya. Hal itu disebabkan karena cahaya dari benda-benda angkasa yang sampai ke mata kita telah mengarungi antariksa dan melewati berlapis-lapis media yang berbeda-beda kerapatannya, sehingga lintasan cahaya itu membentuk suatu ' lengkungan sinar astronomis '. Termasuk juga ketika manusia melihat kejadian gerhana matahari atau gerhana bulan, semua yang terlihat di langit pada saat kejadian gerhana tersebut, adalah posisi semu / bukan posisi sebenarnya.

2.Berdasarkan hipotesis Einstein, semakin jauh lintasan cahaya bintang dari medan gravitasi matahari maka akan semakin kecil sudut pembelokan cahayanya. Berdasarkan hipotesa tersebut dapat diartikan, ketika lintasan cahaya bintang tidak melewati medan gravitasi matahari, maka sudut pembelokan cahaya = 0, atau posisi semu bintang = posisi sejati bintang, dalam berbagai ketinggian / elevasi bintang.

Hal itu berarti, bahwa penampakan bintang-bintang di malam hari dimana lintasan cahayanya tidak melewati medan gravitasi matahari, adalah penampakan posisi sejati bintang. Tentu saja hal tersebut tidak benar.

Berdasarkan keilmiahan ilmu astronomi : Lengkungan sinar astromis semakin mengecil sebanding dengan tinggi bintang. Yang dimaksud dengan tinggi bintang adalah sebagian busur dari lingkaran tegak yang melalui pusat benda angkasa, terhitung dari cakrawala (tepi langit yang terlihat di laut) sampai ke benda angkasa tersebut. Semakin tinggi benda angkasa, semakin kecil sudut penyimpangannya / lengkungan sinar astronomis. Dan ketika tinggi benda angkasa mencapai 90 derajat (arah benda angkasa tepat di atas kepala pengamat) sudut penyimpangan = 0 (Hukum Snellius), pada kondisi ini posisi semu = posisi sejati. Namun kondisi tersebut tidak bisa digunakan untuk menentukan posisi astronomis, karena syarat penentuan posisi astronomis yang akurat tinggi bintang yang diukur tidak boleh lebih dari 60 derajat busur, dan tidak kurang dari 15 derajat busur, dan hanya boleh dilakukan apabila cakrawala / tepi langit terlihat dengan jelas.

3.   Dua hal yang disebutkan di atas berarti mengabaikan Hukum Snellius yang telah terbukti dengan sendirinya dan banyak diaplikasikan dalam astronomi termasuk dalam navigasi astronomi.

Berdasarkan Hukum Snellius kita mengetahui bahwa penampakan sehari-hari benda-benda angkasa / bintang di langit, termasuk ketika malam hari terlihat bintang-bintang bertaburan di angkasa, semua yang kita lihat itu baik dengan mata telanjang maupun dengan peralatan bidik / sextan, masing-masing bintang merupakan penampakan dari posisi semu/observed position.

Jelas dikatakan oleh Einstein bahwa pembuktian terhadap hipotesisnya bisa diuji dengan membandingkan foto bintang pada saat gerhana dengan foto bintang yang sama pada saat yang lain, dan hal itu pula yang dilakukan oleh Eddington sehingga menghasilkan penyimpangan sebesar 1,62 detik busur dan sangat dekat dengan hasil yang sudah diketahui dari perhitungan Einstein 1,75 detik busur.

Dilihat dari keilmiahan ilmu astronomi, kelihatan sangat jelas sekali terjadinya suatu kesalahan yang fatal, karena semua hasil-hasil foto itu seluruhnya menunjukkan Posisi Semu bintang (Apparent / Observed Position). Tidak mungkin atau tidak ada cara ilmiah yang bisa dibenarkan untuk mengetahui Posisi Sejati suatu bintang dengan menggunakan foto-foto bintang tersebut.

Tentang hal ini jelas bagi semua orang yang pernah belajar dan mempraktekkan prinsip-prinsip perhitungan berkaitan dengan posisi sejati dan posisi semu bintang serta hubungannya dengan ' lengkungan sinar bumiawi ' dan ' lengkungan sinar astronomis ' yang dikenal dalam ilmu astronomi, dan telah terbukti selama ini menghasilkan suatu perhitungan yang akurat.

Di bawah ini akan kita tinjau dari beberapa argumen lainnya, yang secara jelas bisa membuktikan bahwa pembuktian hipotesis Einstein oleh Eddington pada tahun 1919 itu harus ditolak karena tidak ilmiah.

Pertama, ditinjau dari argumen posisi geografi pengamat.

Gerhana matahari seperti yang terjadi pada tahun 1919, bisa diamati secara sempurna dari suatu kawasan di bumi yang cukup luas. Andaikan saja ada 4 atau 5 tim dimana masing-masing tim itu pada saat yang sama melakukan kegiatan pemotretan bintang persis seperti yang dilakukan oleh tim Eddington, namun masing-masing tim itu berada pada posisi geografi yang berbeda dengan jarak yang cukup jauh - masing-masing sebagai pengamat berada di ujung-ujung kawasan, dan masih bisa melihat gerhana dengan sempurna - lalu masing-masing tim menyampaikan hasil perhitungannya, bisa dipastikan bahwa hasil perhitungan pembelokan cahaya akan berbeda-beda. Mengapa ?

1.Karena lintang dan bujur pengamat berbeda.

2.Tinggi mata / tinggi pengamat tidak sama, sehingga memberikan efek lengkungan sinar bumiawi yang besarnya sudut penyimpangannya tidak sama. Seandainya masing-masing pengamat itu membidik bintang dari suatu ketinggian yang sama, misalnya 25 meter, tetap saja besarnya efek lengkungan sinar bumiawi tidak sama karena masing-masing berada di posisi geografi yang memiliki lintang dan bujur berbeda.

3. Masing-masing pengamat itu akan memotret gerhana dengan ketinggian / elevasi yang berbeda-beda, dengan kata lain Tinggi Ukur bintang tidak mungkin bisa sama, oleh karenanya besarnya sudut penyimpangan sebagai efek dari lengkungan sinar astronomis akan selalu berbeda.

Mungkin ada yang berfikir bahwa 4 atau 5 pengamat A, B, C, D, dan E menghasilkan perhitungan berbeda tapi semuanya mendekati hasil perhitungan Eddington 1,64 detik busur. Hal ini juga tidak mungkin, karena untuk dua pengamat saja misalnya A dan B berada ditempat yang paling berjauhan, A di ujung kawasan paling Utara dan B di ujung kawasan paling Selatan, perbedaan perhitungannya akan besar, mengingat bahwa setiap pergeseran posisi pengamat ke arah Utara sejauh 111 km maka tinggi kutup pengamat naik 1 derajat, sebaliknya pergeseran posisi pengamat ke arah Selatan sejauh 111 km mengakibatkan tinggi kutup pengamat turun 1 derajat.

Perubahan tinggi kutup pengamat mengakibatkan perbedaan yang nyata pada garis edar harian benda-benda angkasa, sehingga LHA (Local Hour Angle), deklinasi, dan tinggi bintang yang dihitung dari masing-masing posisi pengamat akan berbeda menyolok. Lebih-lebih lagi bila pergeseran posisi pengamat bukan hanya pada lintang pengamat tapi juga bujurnya, misalnya A membidik bintang dari posisi paling Utara dan paling Timur kawasan, sedangkan B membidik bintang dari posisi paling Selatan dan paling Barat kawasan, maka perbedaan hasil perhitungannya akan lebih besar lagi.

Dan masih berkaitan dengan posisi geografi pengamat, atau lintang dan bujur pengamat, masih ada sub-argumen lainnya yang tidak boleh diabaikan, yaitu ketinggian pengamat dihitung dari permukaan laut. Informasi tentang lintang dan bujur serta ketinggian pengamat dihitung dari permukaan laut sepertinya tidak pernah dijelaskan dalam hasil pembidikan bintang yang dilakukan oleh Eddington pada tahun 1919

Padahal, pembidikan atau pemotretan bintang dari posisi yang sama, tetapi ketinggiannya berbeda, misalnya yang satu memotret dari ketinggian 25 meter dan lainnya memotret dari ketinggian 75 meter atau lebih, jelas hasilnya akan jauh berbeda.

Dalam ilmu astronomi, argumen ketinggian pengamat sangat menentukan akurasi penentuan posisi sejati bintang. Oleh karena itu pada setiap pembidikan sebuah bintang selalu diperhitungkan dengan koreksi ketinggian, karena ketinggian pengamat memberi pengaruh pada besaran sudut dari ' lengkungan sinar bumiawi ' dan ' lengkungan sinar astronomis ' yang terjadi sesuai dengan hukum Snellius.

Tidak bisa dibayangkan, bagaimana sebuah teori yang kuat sebagaimana dikenal dalam dunia sains, namun pembuktian hipotesanya yang selama ini diyakini sebagai suatu pembuktian yang benar, kenyataannya tidak didukung dengan argumen ilmiah yang memadai.

Ke dua, ditinjau dari argumen waktu pengamatan.

Ketepatan perhitungan waktu sangat penting dalam ilmu astronomi. Demikian sangat pentingnya sehingga untuk keperluan perhitungan dalam navigasi astronomi, jam yang digunakan di kapal dibuat khusus yang dinamakan Chronometer. Chronometer adalah jam yang khusus digunakan untuk melakukan perhitungan navigasi astronomi di kapal-kapal laut, dan memiliki presisi tinggi. Walaupun dikatakan sebagai jam yang memiliki presisi tinggi, namun sebagai alat tidak lepas dari adanya kekurangan. Oleh sebab itu setiap saat akan melakukan penentuan posisi kapal secara astronomis, seorang navigator akan menghitung dulu koreksi terhadap Chronometer yang digunakan. Saat sekarang ini sudah banyak digunakan jam atom yang akurasinya tidak diragukan lagi, namun bukan berarti Chronometer tidak digunakan lagi.

Berdasarkan metoda penentuan posisi secara astronomis, ketepatan penunjukkan waktu GMT diperlukan untuk menghasilkan perhitungan Azimut, Tinggi Sejati, dan Tinggi Hitung bintang secara akurat. Dengan mengetahui Azimut, Tinggi Sejati, dan Tinggi Hitung dari 3 - 4 bintang yang terlihat di langit saat itu, posisi kapal dapat ditentukan dengan tepat.

Penentuan posisi secara astronomis, yang di dalamnya termasuk juga menghitung beda busur antara Tinggi Ukur (Tinggi Posisi Semu) bintang dengan Tinggi Sejati (Tinggi Posisi Sejati) bintang, semuanya dilakukan dalam waktu relatif singkat ' seketika itu juga '. Maksudnya, seluruh hasil perhitungan itu berlaku pada waktu setempat dan di posisi ketika pengukuran tinggi bintang itu dilakukan terhadap bintang-bintang yang saat itu terlihat di langit. Pengukuran tinggi terhadap bintang yang sama, tapi dilakukan pada waktu lain dan dari posisi yang berbeda, hasilnya juga hanya berlaku ketika pengukuran itu dilakukan, dan tidak bisa dibandingkan dengan pengukuran yang pertama tadi.

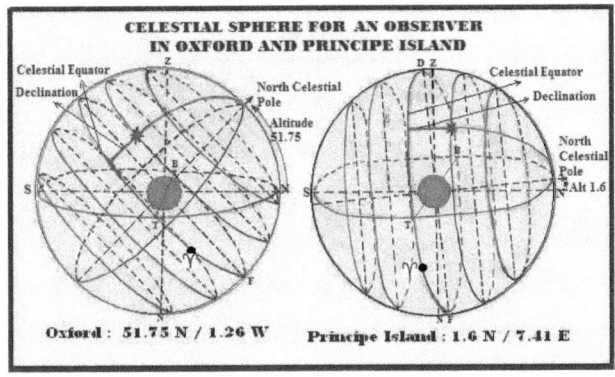

Bulatan angkasa (Celestial sphere) bagi pengamat di kota Oxford berbeda dengan bulatan angkasa bagi pengamat di Pulau Principe. Masing-masing berlaku setempat, dan tidak bisa dibandingkan.

Perhitungan Tinggi Hitung bintang (*th*) bisa didapat dengan menggunakan argumen-argumen lintang dari posisi duga pengamat (*lt*), deklinasi bintang (*d*) dan sudut jam bintang bintang (K), dalam rumus di bawah ini :

$$\sin th = \sin lt \, \sin d + \cos lt \, \cos d \, \cos K, \text{ atau :}$$

$$\sin th = \cos (lt - d) - \cos lt \, \cos d \, \sin vers K$$

Th bisa didapat secara cepat dengan bantuan Daftar Pelayaran / H.O.214. Sedangkan untuk mendapatkan Tinggi Sejati bintang (*ts*), diperoleh dari hasil pengukuran tinggi bintang dengan menggunakan sextan, yaitu Tinggi Ukur (*tu*).

Untuk mendapatkan *ts*, *tu* tersebut harus

diperhitungkan lagi dengan beberapa koreksinya : *koreksi utama*, yaitu koreksi karena adanya lengkungan sinar astronomis, kemudian *koreksi tinggi mata / tinggi pengamat*, yaitu koreksi karena adanya lengkungan sinar bumiawi. Ke dua koreksi tersebut pada dasarnya merupakan aplikasi dari *hukum Snellius* tentang refraksi cahaya.

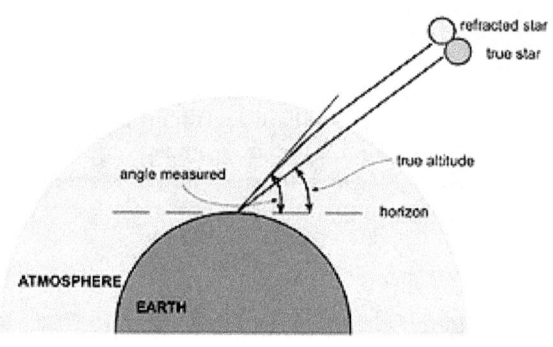

Cahaya bintang membelok disebabkan oleh adanya lengkungan sinar / refraksi cahaya, posisi semu sebuah bintang akan selalu terlihat lebih tinggi dari posisi sejatinya.

Semua koreksi itu bisa didapat dengan bantuan Daftar Pelayaran / H.O.214 dan/atau Nautical Almanac. Koreksi utama nilainya makin mengecil sebanding dengan tinggi pengukuran bintang. Contohnya, untuk *tu* = 30 derajat busur nilai koreksinya = - 1,6 menit busur, dan untuk *tu* = 60 derajat busur nilai koreksinya mengecil menjadi = - 0,6 menit busur, seterusnya ketika bintang tepat berada di atas kepala pengamat atau *tu* = 90 derajat busur nilai koreksinya = 0.

Dan khususnya koreksi tinggi mata / tinggi pengamat tidak boleh diabaikan, karena nilai koreksinya cukup besar dalam hitungan beberapa menit busur, dimana 1 menit busur = 60 detik busur. Contohnya, untuk tinggi mata / tinggi pengamatan 15 meter, koreksinya adalah : - 7 menit busur atau 420 detik busur, untuk tinggi 21 meter koreksinya : - 8,1 menit busur atau 486 detik busur, dan nilai koreksinya semakin membesar sebanding dengan ketinggian pengamat.

Dari penjelasan di atas dapat dipahami, bahwa perhitungan untuk mendapatkan beda busur antara Posisi Sejati bintang dan Posisi Semu bintang memerlukan ketelitian dan kecermatan, dan tidak mungkin bisa mendapatkan hasil perhitungan yang akurat benar bila mengabaikan argumen-argumen penting yang diperlukan seperti posisi geografi pengamat, tinggi pengamat dari permukaan laut, serta waktu setempat saat pengamatan.

Sekedar suatu contoh, ketika akan melakukan penentuan posisi secara astronomis, seorang navigator akan mempelajari dulu posisi duga kapal saat itu berada di perairan lintang - bujur berapa, kemudian dengan melihat Peta Bintang dia akan mengetahui bintang-bintang apa saja yang nampak saat itu, dan dia akan memilih 3 atau 4 bintang saja yang diketahui paling baik untuk ' dibidik ' dengan Sextan.

Pengukuran tinggi bintang diperlukan untuk untuk menghitung Tinggi Sejati bintang. Posisi kapal pada saat pengukuran dapat ditentukan setelah dia melakukan pengeplotan *azimut* dan *beda tinggi antara ts dan th* dari 3 - 4 bintang tersebut. Andaikan saja setelah mendapatkan posisi kapal secara akurat, misalnya posisi kapal jam 18.30 waktu setempat, kemudian satu jam lagi dia membidik bintang-bintang yang sama, maka dia akan mendapatkan posisi kapal jam 19.30 waktu setempat. Jika kedua posisi kapal yang didapat itu dihubungkan dengan suatu garis lurus, maka dia akan dapat memperkirakan arah kapalnya secara tepat, kemudian mengadakan koreksi terhadap haluan kapal guna mengarahkan kapal sesuai tujuan pelayarannya.

Dari contoh di atas bisa dipahami, bahwa untuk menghitung suatu beda busur antara Posisi Sejati bintang dan Posisi Semu bintang sesuai metoda penentuan posisi astronomis, tidak mungkin dilakukan dengan perbedaan / selang waktu tertentu, karena selang waktu satu jam saja akan mendapatkan posisi yang berbeda. Oleh sebab itu perhitungan Sir Arthur Eddington mengenai ' pembelokan cahaya di medan gravitasi ', dimana terdapat selang waktu lebih dari tiga bulan - Januari / Februari sampai Mei 1919 - tidak bisa dibenarkan. Dalam kaca mata ilmu astronomi, hal itu adalah sesuatu yang tidak mungkin.

BAB 4

LENGKUNGAN SINAR ASTRONOMIS

Cahaya, secara alami ada di sekitar kita, baik di waktu siang hari maupun malam hari. Cahaya tersebut dapat berasal dari sumber-sumber alam maupun buatan. Ketika kita melihat suatu benda yang terletak jauh dari tempat kita berdiri, kita berfikir bahwa apa yang kita lihat itu adalah penampakan sebenarnya. Kita sering tidak menyadari, bahwa apa yang kita lihat itu sesungguhnya bukan penampakan sebenarnya dari benda tersebut.

Misalnya, suatu saat kita berada di tepi pantai dan sedang mengagumi keindahan alam pada saat menjelang matahari terbenam. Matahari terlihat bergerak turun perlahan-lahan, dan suatu saat bagian tepi bawah matahari menyentuh tepi langit atau cakrawala. Pemandangan yang sangat indah. Namun kita tidak sadar ketika melihat pemandangan yang indah itu, bahwa matahari yang sebenarnya sudah turun di bawah cakrawala. Jadi apa yang kita lihat itu bukan matahari sebenarnya, melainkan matahari semu, atau matahari pada kondisi posisi semunya (Apparent Position). Bahkan, cakrawala atau tepi langit yang kita lihat itupun bukan tepi langit sebenarnya, melainkan tepi langit maya.

Penyebab dari fenomena tersebut adalah karena terjadinya suatu lengkungan sinar yang sampai ke mata kita. Lengkungan sinar yang menyebabkan penampakan matahari semu disebut lengkungan sinar astronomis (astronomical refraction), sedangkan yang menyebabkan penampakan tepi langit maya disebut lengkungan sinar bumiawi (terrestrial refraction). Lengkungan sinar bumiawi ini pula yang menyebabkan terjadinya fenomena fatamorgana (mirages). Dan fatamorgana bukanlah ilusi optik melainkan fenomena fisika yang nyata.

Demikian juga ketika pada malam hari yang cerah kita melihat ke langit, dan mengagumi bintang-bintang yang bertaburan di angkasa. Semua benda-benda angkasa itu bukan dalam kondisi sebenarnya, melainkan adalah pada kondisi posisi semunya, dan penyebabnya adalah astronomical refraction.

Dari penjelasan di atas timbul pertanyaan, apakah kita tidak pernah bisa melihat dengan mata telanjang, sebuah bintang di langit dalam kondisi posisi sejatinya ? Peluang itu ada, walaupun terbatas, dan akan ditemui dalam pembahasan berikut ini.

Refraksi Cahaya

Lengkungan sinar terjadi karena cahaya suatu obyek yang sampai ke mata kita / pengamat, tidaklah dipancarkan berupa garis lurus, melainkan telah disimpangkan oleh media sepanjang lintasannya, termasuk disimpangkan oleh atmosfer bumi. Lengkungan sinar adalah suatu sudut yang terjadi antara arah posisi semu dan arah dari posisi sejati dari obyek tersebut.

Cahaya bintang-bintang di langit yang sampai ke bumi menempuh jarak yang sangat jauh, dan telah melalui bermacam-macam media yang masing-masing berbeda kerapatannya. Para ilmuwan klasik seperti Aristotle, Rene Desscartes, Sir Isaac Newton dan lain-lainnya percaya, bahwa cahaya bintang-bintang yang sampai ke bumi merambat melalui media yang dinamakan luminiferous eather. Namun berbagai percobaan telah dilakukan, antara lain percobaan yang dilakukan oleh ilmuwan Amerika Michelson dan Morrey pada abad-19, dan semua percobaan-percobaan itu tidak berhasil mendeteksi adanya luminiferous aether, sehingga aether dianggap tidak ada. Ada kemungkinan luminiferous aether itu ada tapi tidak bisa dibuktikan. Yang jelas, cahaya benda-benda angkasa yang sampai ke bumi telah melalui lapisan-lapisan atmosfer bumi, yang diketahui memiliki kerapatan udara yang berbeda. Di dekat permukaan bumi kerapatan udara lebih pekat dibandingkan dengan kerapatan lapisan udara di atasnya. Dan kerapatan semakin renggang dengan bertambahnya ketinggian

Hukum Snellius tentang refraksi cahaya menyatakan, bahwa jika suatu berkas cahaya melintas dari media yang satu ke media lainnya yang berbeda kerapatan (density), maka berkas cahaya itu akan dibiaskan. Besarnya sudut bias tergantung dari kerapatan medianya. Sebagai contoh, suatu berkas cahaya yang dilewatkan ke air, maka berkas cahaya itu akan dibiaskan mendekati normal. Pada gambar di bawah digambarkan garis normal adalah N – N'. Cahaya melintas dari A ke B, dan lintasan cahaya membentuk sudut ABN. Sudut ABN disebut sudut datang (angle of incidence). Di dalam air, arah lintasan cahaya dibiaskan mendekati garis normal, yaitu arah BC, dan membentuk sudut CBN'. Sudut CBN' disebut sudut bias (angle of refraction). Dan sinus sudut datang dan sinus sudut bias mempunyai perbandingan yang tetap. Perbandingan tersebut disebut indek bias (index of refraction). Berkas cahaya tidak dibiaskan jika lintasannya searah dengan normal. Hal ini menjawab pertanyaan di atas tadi, suatu peluang dan satu-satunya kesempatan untuk melihat bintang di posisi sejatinya, yaitu ketika bintang tersebut berada tepat lurus di atas kepala kita selaku penilik, atau tepat di titik Zenith.

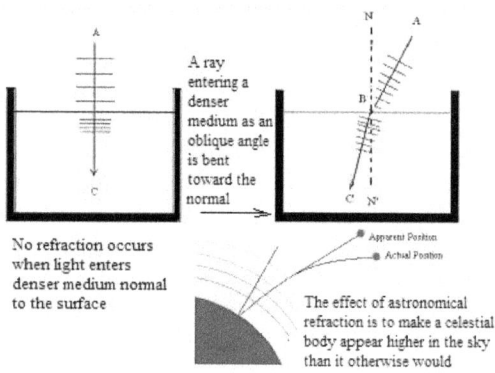

Pada gambar di atas , perbedaan kerapatan udara dengan kerapatan air cukup besar atau mendadak, oleh sebab itu lintasan cahaya di udara dan di dalam air terlihat seperti garis yang patah. Berbeda dengan lintasan cahaya di atmosfer bumi. Kerapatan udara lapisan-lapisan atmosfer bumi berubah secara gradual dan teratur, hal ini yang menyebabkan pembiasan cahaya berbentuk suatu lengkungan. Dan akibat dari lengkungan itu maka posisi semu bintang akan selalu tampak lebih tinggi dari posisi sebenarnya. Adanya lengkungan sinar atau atau refraksi cahaya di dalam ilmu astronomi sepertinya diabaikan oleh Einstein, sehingga muncul gagasannya bahwa cahaya disimpangkan atau membelok ketika melewati medan gravitasi benda massif. Menurut Einstein, ketika cahaya sebuah bintang melintas di dalam medan gravitasi matahari, maka cahaya bintang itu akan dibelokkan ke dalam, sehingga akan terjadi juga adanya posisi semu dan posisi sejati bintang. Dan bintang-bintang yang lintasan cahayanya jauh dari matahari, cahayanya tidak dibelokkan.

Bintang-bintang yang cahayanya tidak dibelokkan berarti tidak ada perbedaan antara posisi semu dan posisi sejati bintang. Jika konsisten dengan teori ini, maka berarti semua bintang-bintang yang tampak pada malam hari adalah pada kondisi penampakan posisi sejatinya, karena bintang-bintang itu tidak melewati medan gravitasi. Hal ini tentunya tidak benar dipandang dari keilmiahan astronomi. Dari sisi ini terlihat, bahwa teori Einstein yang semula dikagumi sebagai teori yang kuat, dan telah mempengaruhi perkembangan fisika modern di abad-20 yang lalu, sesungguhnya adalah teori yang keliru sejak awalnya.

BAB 5

TENTANG BULATAN ANGKASA

Pada bab yang lalu telah dijelaskan tentang bulatan angkasa (Celestial Sphere) secara selintas. Masing-masing tempat, masing-masing titik di permukaan bumi di mana pengamat melakukan pengamatan benda-benda angkasa, memiliki bulatan angkasa sendiri. Bulatan angkasa di salah satu tempat pengamatan memiliki argumen-argumen sendiri, berbeda dengan tempat pengamatan lainnya. Dan argumen-argumen di masing-masing tempat itupun setiap saat selalu berubah.

Persoalan pokok dari pembuktian teori relativitas umum sesuai yang diminta oleh Einstein, dan kemudian dilaksanakan oleh Arthur Eddington dkk, ialah soal tempat pengamatan yang berbeda- Oxford dan Roca Sundy/P.Principe - demikian pula waktu pengamatannya. Bulatan angkasa (Celestial sphere) bagi pengamat di kota Oxford berbeda dengan bulatan angkasa bagi pengamat di Pulau Principe. Masing-masing berlaku setempat, dan tidak bisa dibandingkan.

Pada bab ini disampaikan pembahasan tentang bulatan angkasa, dimaksudkan agar lebih mengenal hal-hal berkaitan dengan bulatan angkasa, dan mengapa di tiap-tiap tempat pengamatan bulatan angkasanya tidak sama.

Bulatan Angkasa (Celestial Sphere)

Pada waktu malam hari dalam kondisi cuaca yang baik dan kita melihat ke langit, maka kita akan melihat bintang-bintang bertaburan di langit. Bila kita mencoba menghitung jumlah bintang-bintang yang bertaburan itu, niscaya kita akan kebingungan sendiri, karena semakin diperhatikan dengan seksama, maka semakin bertambah lagi bintang-bintang yang tampak. Tidak ada manusia yang mampu menghitung jumlah benda-benda angkasa itu. Tidak ada kata-kata yang tepat untuk menggambarkan jumlah bintang yang bertaburan di langit selain kata-kata ' bermilyar-milyar bintang ada di sana '.

Penampakan bintang-bintang di langit pada waktu malam hari memberi suatu gambaran, bahwa semua bintang-bintang itu berada pada suatu permukaan dari ruang maha luas berbentuk lingkaran bulat sempurna. Dalam astronomi, lingkaran bulat sempurna itu disebut ' Bulatan Angkasa '.(Celestial Sphere). Dan kita selaku penilik berada di pusat bulatan angkasa tersebut.

Di mana saja seorang penilik berada, akan mendapatkan kesan yang sama tentang adanya bulatan angkasa itu. Bila seseorang mencoba membayangkan berapa besar jari-jari bulatan angkasa tersebut, maka akan sulit sekali menentukannya karena semua benda-benda angkasa itu seolah-olah berada pada permukaan bulatan yang sama, padahal antara bintang yang satu dengan bintang lainnya terpaut jarak yang juga sulit untuk menghitungnya.

Ukuran jari-jari bulatan angkasa tidak bisa dibayangkan besarnya, dan kemudian dibandingkan dengan ukuran-ukuran yang ada di bumi, menyebabkan seolah-olah ukuran-ukuran yang ada di bumi menjadi tidak ada artinya. Bumi hanyalah satu titik, dan menjadi Titik Pusat dari bulatan angkasa tersebut. Di kawasan manapun di bumi ini seorang pengamat/penilik berada, dia menjadi titik pusat dari bulatan angkasa.

Dan untuk menentukan tempat kedudukan dari suatu titik di bulatan angkasa, maka pertama kali dibayangkan adanya suatu bidang mendatar yang melalui mata si penilik. Bidang imajinasi yang melalui mata penilik merupakan suatu bidang istimewa di bumi, karena bidang khayal ini sejajar dengan permukaan benda cair yang dalam keadaan berhenti. Bidang ini dalam astronomi dinamakan Muka Cakrawala.

Suatu garis-tinggi dari muka cakrawala yang searah dengan unting-unting, yaitu arah yang dihitung dari titik pusat bumi - lurus ke kaki dan kepala penilik - disebut Normal dari tempat penilikan. Garis Normal penilikan ini memotong bulatan angkasa pada dua titik. Titik atas dari bulatan angkasa disebut Titik Puncak atau Zenit, sedangkan titik di bagian bawah bulatan angkasa disebut Titik Bawah atau Nadir. Lihat gambar di bawah ini.

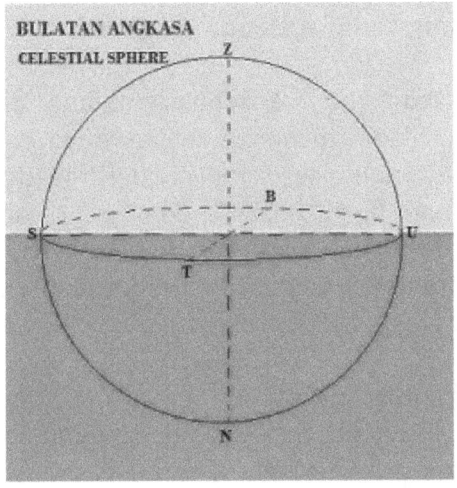

Pada gambar di atas, Z adalah Zenit dan N adalah Nadir, garis ZN adalah Normal penilik. Bidang yang melalui titik pusat bulatan angkasa dan tegak lurus garis Normal adalah Muka Cakrawala (bidang S-T-U-B).

Muka Cakrawala memotong bulatan angkasa berupa Lingkaran Besar, yang disebut Cakrawala. Sedangkan suatu Lingkaran Besar yang tegak lurus kepada Cakrawala dan melalui titik Utara dan titik Selatan, disebut Derajah Angkasa atau Derajah Penilik. Titik Barat (B) dan Titik Timur (T) didapat dengan cara menarik garis melalui titik pusat bulatan angkasa, dan tegak lurus arah Utara - Selatan. Bila kita menghadap ke arah Utara, maka Titik Timur berada di sebelah Kanan kita, dan Titik Barat berada di sebelah Kiri kita.

Tinggi dan Asumut Benda Angkasa

Ketika kita melihat sebuah bintang di langit, maka kita dapat menentukan posisinya pada suatu saat yang tertentu terhadap bidangi-bidang, sudut-sudut atau busur-busur, dan garis-garis yang terdapat di bulatan angkasa. Sudut-sudut dan garis-garis itu merupakan koordinat-koordinat dari benda angkasa.

Pada gambar di bawah ini, Z = Zenit, N = Nadir, U = Utara, S = Selatan, Lingkaran Z-S-N-U = Derajah Angkasa, dan Bt = sebuah bintang/benda angkasa.

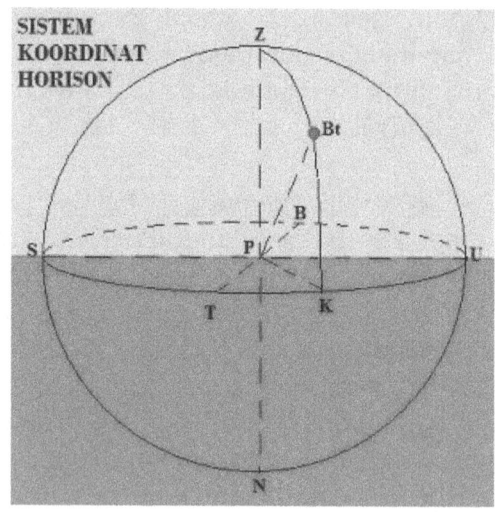

Sistem Koordinat Horison

Pada gambar, Z-P-K-Bt adalah muka-tegak dari bintang dan memotong bulatan angkasa menurut sebuah lingkaran besar yang dinamakan Lingkaran Tegak dari benda angkasa / Bintang Bt.

Arah P-Bt ditentukan oleh besarnya sudut KPBt, yaitu sudut yang dibentuk oleh arah di mana benda angkasa itu berada dengan muka cakrawala. Sudut ini dinamakan Tinggi dari benda angkasa Bt. Dengan demikian yang dimaksud dengan Tinggi Bintang atau Tinggi Benda Angkasa, ialah sebagian busur dari lingkaran tegak yang dihitung dari cakrawala sampai ke bintang tersebut (Busur K-Bt).

Kita juga dapat menentukan arah benda angkasa Bt dengan melihat sudut yang dibentuknya dengan Normal. Sudut ini, yaitu sudut ZPBt, tidak lain adalah komplemen dati tinggi bintang, dan disebut Jarak Puncak benda angkasa Bt. Jarak Puncak suatu benda angkasa adalah sebagian busur dari lingkaran tegak, yang dihitung dari Zenit ke bintang tersebut (Bususr ZBt).

Posisi suatu bintang tidak hanya ditentukan oleh tingginya saja, melainkan juga ditentukan oleh Asumutnya. Asumut suatu benda angkasa pada dasarnya adalah sebagian busur dari cakrawala, dihitung mulai dari titik Utara atau titik Selatan sampai ke titik duduk dari lingkaran tegak benda angkasa tersebut. Pada gambar di atas, asumut benda angkasa

Bt adalah busur U - K atau sudut UPK.

Asumut benda angkasa dihitung dari titik Utara atau titik Selatan, ke arah Timur atau Barat. Misalnya asumut U 60 derajat T, berarti asumut dihitung dari titik Utara ke arah Timur 60 derajat. Asumut S 45 derajat B, berarti asumut dihitung dari titik Selatan ke arah Barat 45 derajat.

Koordinat tinggi dan asumut bintang yang digambarkan berupa sudut atau sebagian busur lingkaran, dengan patokan berupa lingkaran tegak, titik-titik Zenith, Nadir, S,T,U,B pada bulatan angkasa (celestial sphere), dinamakan Sistem Koordinat Horizon (Horizontal Coordinate System).

Beberapa definisi dalam Sistem Koordinat Horison:

- **Tinggi Bintang (Altitude)** : ialah sudut antara garis dari arah bintang dengan muka cakrawala (ekuator bumi). Atau, sebagian busur dari lingkaran tegak yang melalui pusat benda angkasa, dihitung dari muka cakrawala sampai ke benda angkasa tersebut.

- **Jarak Puncak** dari sebuah benda angkasa, ialah sudut antara garis arah benda angkasa dengan garis normal penilik. Atau, sebagian busur dari lingkaran tegak yang melalui pusat benda angkasa, dihitung dari

Zenith sampai ke benda angkasa tersebut.

- **Asumut Bintang** : ialah sudut antara muka derajah angkasa dengan muka tegak dari benda angkasa tersebut. Atau, sebagian busur dari cakrawala (ekuator bumi), dihitung dari titik Utara atau Selatan sampai ke titik duduk dari lingkaran tegak yang melalui pusat benda angkasa tersebut.

Asumut dan tinggi suatu benda angkasa berubah setiap saat disebabkan karena gerakan sehari-hari dari benda angkasa tersebut. Oleh sebab itu cara penulisan asumut dan tinggi bintang / benda angkasa haruslah disertakan pula pada saat mana penilikannya dilakukan (menyebutkan jam, menit, dan detiknya), dan lokasi penilikan (menyebutkan lintang dan bujur tempat penilikan), serta ketinggian penilik diperhitungkan dari permukaan laut.

Sebab suatu penilikan sebuah bintang yang dilakukan oleh dua orang pada saat yang sama, tempat penilikan berbeda, hasilnya juga berbeda. Penilikan sebuah bintang oleh dua orang pada saat yang sama, tempat penilikan juga sama, tetapi ketinggian pengamat berbeda, hasilnya juga berbeda. Perbedaan tersebut disebabkan karena adanya faktor ' lengkungan sinar astronomis ' atau ' astronomical refraction '. Astronomical refraction terjadi dan berlaku sesuai Hukum Snellius atau Snell's Law.

Gerakan Angkasa

Ketika pada waktu malam hari yang cerah kita memandang ke langit dan mengamati bintang-bintang yang bertaburan di angkasa, kita akan mengetahui bahwa bintang-bintang itu tidak diam pada tempatnya, melainkan bergerak. Demikian pula ketika mengamati keindahan bulan di saat purnama, bulan purnama itu juga bergerak. Suatu saat cobalah amati rasi-rasi bintang yang anda kenal, yang sering tampak dilihat dari rumah tempat tinggal anda, ketika malam hari cerah. Rasi-rasi bintang itu juga bergerak, misalnya semula tampak lebih tinggi lalu beberapa saat kemudian tampak lebih rendah, atau sebaliknya. Namun anehnya, jarak antara bintang yang satu dengan bintang lainnya tidak berubah !

Misalnya, kita mengamati Rasi Bintang Beruang Besar (Ursa Mayor) atau Rasi Bintang Pari (Crux). Kedudukan bintang-bintang di dalam gugusan bintang itu tdak berubah. Mengapa demikian ? Sebabnya ialah, bahwa sebetulnya yang bergerak bukan bintang-bintang itu, melainkan bumi. Bumi yang bergerak, selain gerakan mengelilingi matahari bumi kita juga berputar pada porosnya atau berotasi. Jadi gerakan bulan dan bintang-bintang di langit adalah gerakan maya. Gerakan maya benda-benda angkasa itu menyebabkan setiap saat kedudukannya berubah terhadap penilik yang berada di bumi.

Akibat dari rotasi bumi pada porosnya - garis imajiner antara Kutub Utara dan Kutub Selatan - menyebabkan gerakan maya dari bintang-bintang di langit juga memiliki poros imajiner, di mana titik-titik ujung poros di bulatan angkasa dinamakan Kutub Utara Angkasa (North Celestial Pole -NCP) dan Kutub Selatan Angkasa (South Celestial Pole - SCP).

Pada gambar di bawah ini poros angkasa ditunjukkan dengan garis SCP-P-NCP. Sudut NCP-P-U atau busur NCP-U disebut Tinggi Kutup. Lingkaran besar T-F-B-D yang bidangnya tegak lurus terhadap poros angkasa disebut Ekuator Angkasa (Celestial Equator).

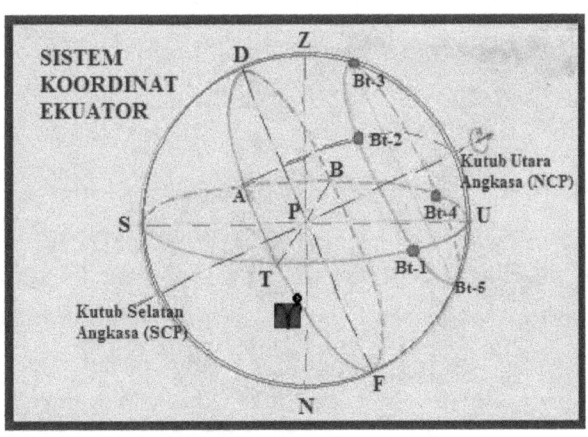

Sistem Koordinat Ekuator

Bidang dari ekuator angkasa membagi bulatan angkasa menjadi dua bagian, yaitu setengah bulatan lintang Utara angkasa dan setengah bulatan lintang Selatan angkasa. Contoh pada gambar, penilik berada di lintang Utara, dan busur D-Z adalah Lintang Angkasa (Sky Latitude atau Celestial Latitude) dari penilik / obserber, besarnya sama dengan lintang geografi penilik. Dan mengingat bidang ekuator angkasa tegak lurus terhadap poros angkasa, dan poros angkasa membentuk sudut / memiliki tinggi kutub NCP-U terhadap muka cakrawala, maka besarnya busur D-Z = busur NCP-U. Oleh karenanya :

Lintang Angkasa penilik = Lintang geografi penilik =
Tinggi Kutub (U / S)

SCP-NCP adalah poros angkasa, semua benda-benda angkasa beredar dengan poros tersebut. Dan arah peredaran bintang adalah dari Timur ke Barat Lintasan peredaran harian benda-benda angkasa berupa lingkaran-lingkaran yang sejajar dengan ekuator angkasa. Sedangkan lintasan peredaran matahari membuat sudut 23,5 derajat terhadap ekuator angkasa, dan disebut *Ekliptika*. Titik Aries (♈) adalah salah satu titik perpotongan ekliptika dengan ekuator angkasa.

Pada gambar terlihat lintasan peredaran bintang Bt. Posisi bintang di Bt-1 .menunjukkan bintang tersebut mulai terbit, oleh karenanya titik Bt-1 dinamakan Titik Terbit untuk bintang Bt. Sedangkan titik Bt-3 adalah Titik Rembang Atas, Titik Bt-4 adalah Titik Terbenam, dan Titik Bt-5 adalah . Titik Rembang Bawah untuk bintang Bt.

Waktu yang ditempuh bagi sebuah bintang satu kali peredarannya - dari titik rembangan atas / rembang bawah kembali ke titik itu lagi - disebut *Hari Bintang*, dan dibagi dalam 24 jam bintang.

Waktu yang kita gunakan sehari-hari juga diukur melalui perembangan matahari, dan disebut *Hari Matahari*. Lamanya satu hari matahari diambil nilai rata-rata dari perembangannya, yaitu : *23 jam 56 menit 04 detik*

Image from commonswikipedia

Cara menentukan koordinat sebuah bintang dalam sistem koordinat ekuator mirip dengan Tata Koordinat Bumi berupa Lintang dan Bujur yang diperhitungkan dari lingkaran ekuator bumi atau khatulistiwa. Dalam sistem koordinat ekuator istilah Lintang Angkasa (Celestial Latitude) dan Bujur Angkasa (Celestial Longitude) tidak digunakan, diganti dengan Deklinasi (Declination) dan Rambat Lurus (Ascentio Recta atau Right Ascension: RA).

Deklinasi sebuah bintang : adalah sebagian busur lingkaran besar yang melalui Kutub Angkasa dan bintang, dihitung mulai dari ekuator angkasa sampai ke bintang tersebut. Pada gambar di atas, deklinasi bintang Bt-2 adalah busur A-Bt-2. Deklinasi bintang dihitung dari ekuator angkasa ke arah Utara atau Selatan, dari 0 derajat (Ekuator Angkasa) - 90 derajat (Kutub Angkasa). Untuk deklinasi Utara diberi tanda: +, dan untuk deklinasi Selatan tanda: -.

Right Ascension sebuah bintang : adalah sebagian busur dari ekuator angkasa yang dihitung mulai dari Titik Aries ke arah Timur (kebalikan dari arah peredaran bintang), sampai ke titik duduk bintang di ekuator angkasa. Pada gambar di atas, RA dari bintang Bt-2 adalah busur ♈ - F-B-D-A, diperhitungkan dalam ukuran jam, menit, dan detik.

Dengan menggunakan data lintang dan bujur

pengamat di suatu tempat, kita dapat menggambarkan bulatan angkasa / celestial sphere pengamat / observer, lingkaran peredaran bintang-bintangnya, dan juga posisi bintangnya jika deklinasi dan RA-nya sudah diketahui. Di bawah ini contoh celestial sphere untuk kota Seatle:

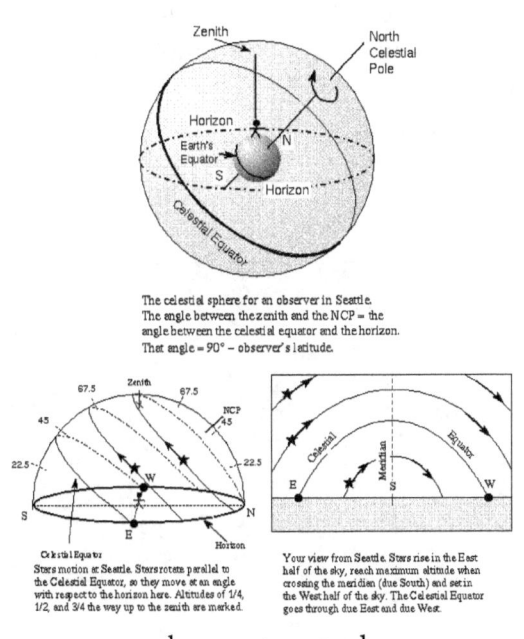

The celestial sphere for an observer in Seattle.
The angle between the zenith and the NCP = the
angle between the celestial equator and the horizon.
That angle = 90° – observer's latitude.

Celestial Equator
Stars motion at Seattle. Stars rotate parallel to
the Celestial Equator, so they move at an angle
with respect to the horizon here. Altitudes of 1/4,
1/2, and 3/4 the way up to the zenith are marked.

Your view from Seattle. Stars rise in the East
half of the sky, reach maximum altitude when
crossing the meridian (due South) and set in
the West half of the sky. The Celestial Equator
goes through due East and due West.

abyss.uoregon.edu

The Celestial Sphere for an Observer in Seatle

Of course, since the Earth rotates, your coordinates will change after a few minutes.

Celestial Sphere untuk observer di satu kota hanya berlaku untuk kota tersebut, sedangkan koordinat bintang yang diamati juga hanya berlaku pada waktu pengamatan itu dilakukan.

Di bawah ini penggambaran bulatan angkasa untuk kota Mountain View dan Los Angeles. Mountain View terletak pada posisi geografi : 37.39 N / 122.08 W, sehingga Tinggi Kutub Angkasa (NCP) : 37.39 dihitung dari Titik Utara. Sedangkan posisi geografi Los Angeles : 34.05 N / 118.24 W, tinggi NCP-nya : 34.05 dari Titik Utara.

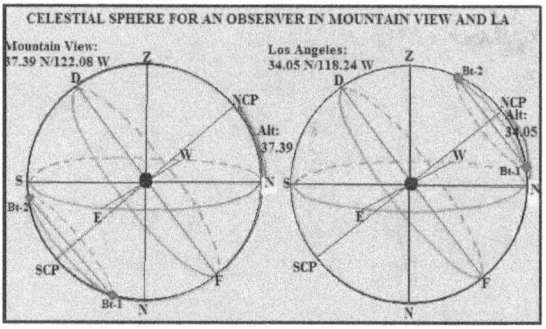

Di bulatan angkasa untuk pengamat yang berada di Mountain View terlihat peredaran bintang Bt melalui lingkaran Bt-1 - SCP - Bt-2. Lingkaran peredaran ini terletak di bawah ekuator bumi, sehingga Titik Rembang Atas (Bt-2) dan Titik Rembang Bawah (Bt-1) selalu berada di bawah ekuator. Berarti bintang

Bt tidak bisa diamati dari Mountain View. Bintang-bintang yang lingkaran peredarannya terletak di bawah ekuator disebut : Bertitik Batas Di Bawah Ekuator.

Sebaliknya pada bulatan angkasa untuk pengamat yang berada di Los Angeles terlihat lingkaran peredaran bintang Bt di atas ekuator. Berarti bintang Bt tersebut selalu tampak dilihat dari kota Los Angeles. Bintang-bintang yang lingkaran peredarannya terletak di atas ekuator disebut : Bertitik Batas Di Atas Ekuator.

BAB 6

KESIMPULAN

Usulan pembuktian teori relativitas umum yang disampaikan oleh Einstein, pencetus teori tersebut, merupakan usulan yang keliru bila ditinjau dari disiplin ilmu astronomi.

Dan kekeliruan makin berkembang ketika usulan yang salah itu dilaksanakan oleh dua tim ilmuwan Inggris dengan memotret bintang pada saat terjadinya gerhana matahari pada tahun 1919.Sulit dipahami mengapa bisa terjadi hal yang demikian : mengabaikan argumen posisi geografis, ketinggian pengamat, dan waktu pengamatan yang intinya mengabaikan adanya refraksi cahaya / hukum Snellius.

Dan mengingat saran pembuktian yang diminta oleh pencetus teori adalah saran yang keliru, maka jika kekeliruan itu telah dijelaskan, teori yang diajukan tidak perlu dibuktikan lagi dan otomatis teori tersebut gugur. Faktanya, ketika usulan itu dilaksanakan, ternyata juga ada data-data perbedaan perhitungan yang kemudian diabaikan tanpa alasan yang jelas.

Pembuktian suatu teori tidak bisa dilakukan atas dasar keyakinan, harus berdasarkan fakta pengamatan yang sebenarnya. Dengan demikian pembuktian teori relativitas umum selanjutnya, yang dilakukan dengan cara-cara lain yang tidak diminta oleh pencetus teori, sangat sulit untuk bisa diterima, karena patut diduga pembuktian tersebut dilakukan atas dasar keyakinan.

REFERENSI

1. Lincoln Barnett, Universe and Dr.Einstein, London, June 1949

2. Dr.Einstein dan Alam Semesta, Dahara Prize, 1991.

3. Bowditch, American Practical Navigator, Volume I - II, Defense Mapping Agency Hydrographic / Topographic Center, 1984.

4. NASA Eclipse Web Site.

5. SCIENCE CENTRIC Web Site.

6. Lorens Bagus, Kamus Filsafat, Penerbit PT. Gramedia Pustaka Utama, Jakarta, 1996.

TENTANG PENULIS

Gatot Soedarto, lahir di kota pantai Tuban, Jawa Timur. Lulusan AKABRI Bagian Laut, kemudian berdinas di kapal-kapal perang RI jajaran Armada RI. Pernah ditugaskan di Ditjen Hubla dan menjabat sebagai Kepala Armada Pusat KPLP (Indonesia Coast Guard). Pengalaman mengajar sebagai dosen di Akademi Angkatan Laut, dosen di Seskoal – Cipilir Jakarta, dan dosen di Sesko TNI Bandung.

Buku-buku karangannya antara lain : Teknik Komputer (Surabaya, 1981), Pencegahan dan Penanggulangan Bahaya Kebakaran (Jakarta, 1983), Mencegah Kerusakan Lingkungan dari Bahaya Kebakaran (Jakarta, 1985), Stres dan cara mengatasinya (Surabaya, 1989), Sun Tzu dan Seni Perang Modern di Mandala Lautan (Jakarta, 2003), Sun Tzu and Naval Strategy (CreateSpace, USA, 2012), Lessons of the Falklands War (CreateSpace, USA, 2013), Katiga dan Pencegahan Bahaya Kebakaran (CreateSpace, USA, 2014), Eclipse 1919 (CreateSpace, USA, 2014), Other Views of Naval Battles (CreateSpace, USA, 2014).